Discovery Education 探索·科学百科（中阶）

1级A1 鸟类的飞翔

全国优秀出版社
全国百佳图书出版单位

广东教育出版社　学乐

中国少年儿童科学普及阅读文库

探索·科学百科™
中阶

鸟类的飞翔

1级A1

[澳]莱斯利·迈法德恩⊙著

周南(学乐·译言)⊙译

Discovery
EDUCATION™

全国优秀出版社
全国百佳图书出版单位

广东教育出版社

广东省版权局著作权合同登记号

图字：19-2011-097号

本书原由 Weldon Owen Pty Ltd 以书名*DISCOVERY EDUCATION SERIES · Flying High*

（ISBN 978-1-74252-160-2）出版，经由北京学乐图书有限公司取得中文简体字版权，授权广东教育出版社仅在中国内地出版发行。

图书在版编目（CIP）数据

Discovery Education探索·科学百科. 中阶. 1级. A1，鸟类的飞翔/[澳]莱斯利·迈法德恩著；周南（学乐·译言）译. —广州：广东教育出版社，2012.6

（中国少年儿童科学普及阅读文库）

ISBN 978-7-5406-9074-8

Ⅰ.①D… Ⅱ.①莱… ②周… Ⅲ.①科学知识－科普读物 ②鸟类－少儿读物 Ⅳ.①Z228.1 ②Q959.7-49

中国版本图书馆 CIP 数据核字（2012）第086427号

Discovery Education探索·科学百科（中阶）

1级A1 鸟类的飞翔

著 [澳]莱斯利·迈法德恩　　译 周南（学乐·译言）

责任编辑 张宏宇 李 玲　　助理编辑 能 昀 李开福　　装帧设计 李开福 袁 尹

出版 广东教育出版社

地址：广州市环市东路472号12-15楼　邮编：510075　网址：http://www.gjs.cn

经销 广东新华发行集团股份有限公司　　印刷 北京顺诚彩色印刷有限公司

开本 170毫米×220毫米 16开　　印张 2　　字数 25.5千字

版次 2016年3月第1版 第2次印刷　　装别 平装

ISBN 978-7-5406-9074-8　　定价 8.00元

内容及质量服务 广东教育出版社 北京综合出版中心

电话 010-68910906 68910806　网址 http://www.scholarjoy.com

质量监督电话 010-68910906 020-87613102　购书咨询电话 020-87621848 010-68910906

目录 | Contents

鸟的进化

鸟类由爬行动物，很有可能是由小型兽脚亚目的恐龙进化而来，这种恐龙的部分特征与鸟类相似。它们产卵，且它们的内脏和一些骨骼也与鸟类有相似之处。爬行动物用来构成鳞片的角蛋白物质也与鸟类羽毛的构成物质相同。麻雀可能看起来一点儿也不像恐龙，但鸵鸟就很像了。

不可思议！

科学家托马斯·赫胥黎（Tomas Huxley）在吃一只鹌鹑的时候，注意到这小家伙的腿上有一块细小的、多余的骨头，这与他之前在恐龙化石上看到的一模一样，他意识到这之间一定有关联。

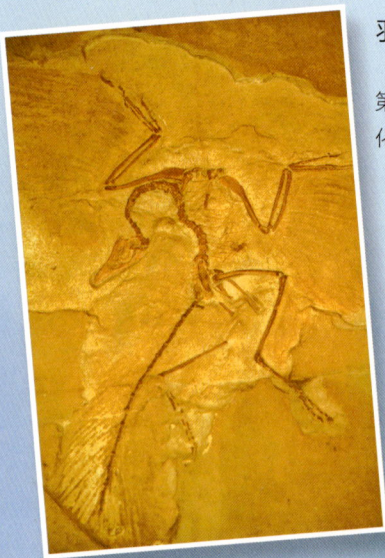

羽毛化石
始祖鸟是人类发现的第一种长有羽毛与翅膀的化石动物。

白垩纪
（距今1亿4600万～6500万年前）
鱼鸟的外形类似于现代的燕鸥，且它要比始祖鸟更擅于飞行。

侏罗纪
（距今2亿～1亿4600万年前）
始祖鸟看起来也许与恐龙非常相似，但它长有带羽的翅膀，而且能够飞行。

三叠纪
（距今2亿5100万～2亿年前）
小型兽脚亚目恐龙的奔跑速度很快，但却未长有羽毛与翅膀。

生物链间的联系

三叠纪时期的兽脚亚目恐龙的后腿健硕，细小的前肢用来捕捉猎物。侏罗纪时期以后，这类动物的前肢已经进化成为翅膀。

现代

经过了数百万年的进化，鸟类进化出了高度发达的羽毛以适应更快、更远的飞行。

骨骼的演化

一些小型兽脚亚目恐龙的锁骨与胸骨同鸟类一样融合在一起。它们的臀部和鸟类一样朝下生长。它们短小前肢上的腕关节非常灵活。随着它们逐渐进化为鸟类，这些腕关节就用以支持翅膀向下扇动。

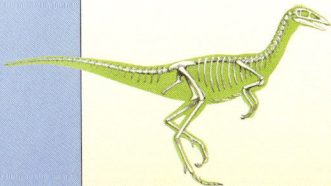

恐龙

一些科学家认为，鸟类的祖先也许是美颌龙。

始祖鸟

始祖鸟长有恐龙的后腿与齿颚，但它还长有翅膀。

现代鸟类

与它们的祖先不同，它们的尾巴短小、干瘦，它们的腿变得更短，胸骨则变得更大。

陆禽

全世界现有 9 000 余种鸟类。它们全都长有羽毛，都有喙（huì），没有牙齿，并且它们都产硬壳卵。但鸟儿们的生存环境却各不相同。一些鸟儿，例如本页所示的这些，只生活于陆地之上——它们就是陆生鸟类，也称陆禽。

灰纹鹧鸪（zhègū）

灰纹鹧鸪是种大个儿、矮肥的林鸟。它可是松鸡与鹌鹑的近亲。

猛鸮（xiāo）

林栖猛鸮以小型啮齿动物与鸟类为食。

楔嘴蜂鸟

这纤巧的鸟儿生活在南美安第斯山脉的云雾森林之中。

凤尾绿咬鹃（juān）

这鸟儿的漂亮尾羽足足能长到 60 厘米长。

点斑喷䴕（liè）

它一动不动地呆在矮枝上，静候猎物的出现。

黑腰啄木鸟

黑腰啄木鸟的食物，是那些生活于印度丛林中的小昆虫。

折衷鹦鹉

亮红色的那只是雌性折衷鹦鹉，而翠绿的那只则是雄性的。

秃鹰

秃鹰以死去动物的尸体为食，它是一种食腐动物。

绿翅金鸠

绿翅金鸠生活于亚洲、新几内亚、与澳大利亚的雨林中，它以林地间生长的果实与种子为食。

钩嘴翠鸟

这些不停鸣叫的翠鸟的家，就在新几内亚的雨林里。

与众不同的鸸鹋

鸸鹋（érmiáo）能长到1.8米高。蓬松的羽毛从它身体的两侧垂落下来。

垂下的蓬松羽毛

橘黄雀鹀

这种黄色的小鸟能长到15厘米长。

每只脚上长有三只脚趾

动冠伞鸟

当动冠伞鸟从雨林间飞过，它的飞羽会发出嘶嘶的声音。

水禽

水禽有两种，淡水鸟类生活于沼泽地区——通常被称作湿地，或湖泊、池塘与河流附近的地方。海鸟则生活于海洋与海滨地区。但水禽并不完全生活在水上，它们中的大部分，还把巢穴安在陆地上。对淡水鸟类来说，芦苇地、河边的洞穴或近水的树木，都是良好的筑巢场所。对海鸟来说，岩壁、海岛及红树林地才是适合的筑巢之地。

鹈鹕（tíhú）
鹈鹕的大翅膀使其飞行像滑翔一样，这种滑翔比飞行省力，能够帮它保存能量。

它们吃什么？
一些海鸟会以从沙地中刨出的贝类为食。一些则从水面，或直接俯冲扎进水里抓鱼吃。

猛鹱（hù）

鸬鹚

小燕鸥

小白鹭
修长的双腿使它们的羽毛免于沾水。

大火烈鸟

　　大火烈鸟拥有一对修长，适于涉水的腿。它张着嘴将脖子划过水面，把水生贝类筛选出来。

巨苍鹭

　　这种大型的非洲苍鹭正悄悄地接近它的猎物。它安静地趟过水面，接着用它匕首般的利喙刺向鱼。

黑颈鹳（guàn）

黑颈鹳的翼展超过了 2.1 米。

澳洲鹤

这只舞动中的澳洲鹤以植物与昆虫为食。

鸟的内部构造

鸟的内部构造拥有一些独特的功能，这使鸟类能够飞翔。与哺乳动物相比，鸟类的骨骼更少，更轻，这让它能够摆脱地面的束缚。它还有一个特殊的消化系统。鸟类是唯一拥有可以储存，而不是立刻消化食物的器官——嗉囊的动物。这使得鸟类可以储存它们飞行所需的能量，同时还免于让胃或砂囊过载。鸟类的肺，连接着特殊的气囊，能随着翅膀扇动的节奏呼吸。这些气囊还能让鸟类的身体变得更加轻便。

你知道吗？

鸟类吃下的食物与其身体的比例，超过了绝大多数动物。很多鸟儿一天内吃下的食物，就相当于它们身体重量的 80%。

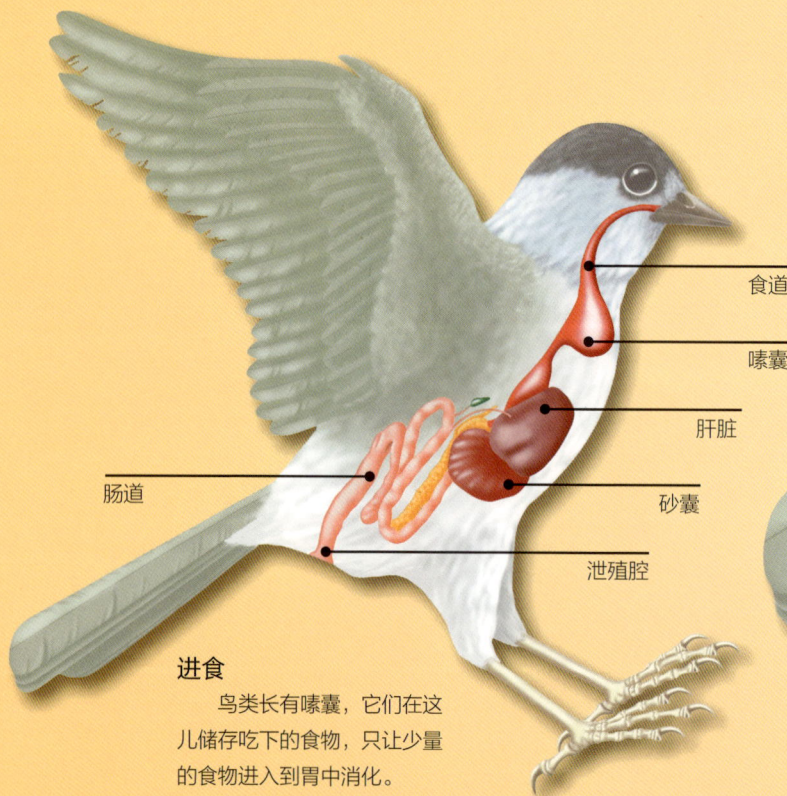

食道

嗉囊

肝脏

砂囊

肠道

泄殖腔

进食

鸟类长有嗉囊，它们在这儿储存吃下的食物，只让少量的食物进入到胃中消化。

头骨
为了保护大脑，鸟类头部的
数块骨头已经融合为一块。

喙
鸟类并没有长那沉重的
下颚，取而代之的是轻
巧、无齿的喙。

叉骨
已经融合在一起的锁骨，也就是
叉骨，如弹簧一般有助于飞行。

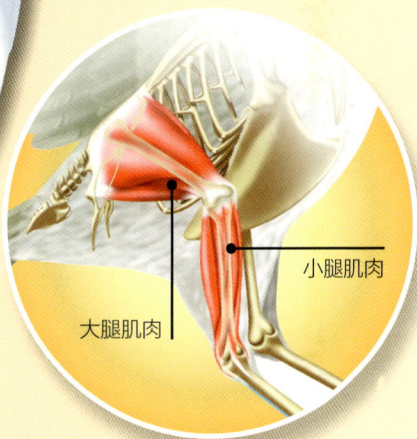

小腿肌肉

大腿肌肉

腿部肌肉
腿部强健的肌肉让鸟儿得
以奔跑、游泳及停歇。

骨骼
鸟类的骨骼非常坚硬，但骨
头却很轻，并且是中空的，这使
它们能够飞翔。鸟类的骨头比哺
乳动物的骨头少，因为鸟类的一
些骨头已经融和在一起了。

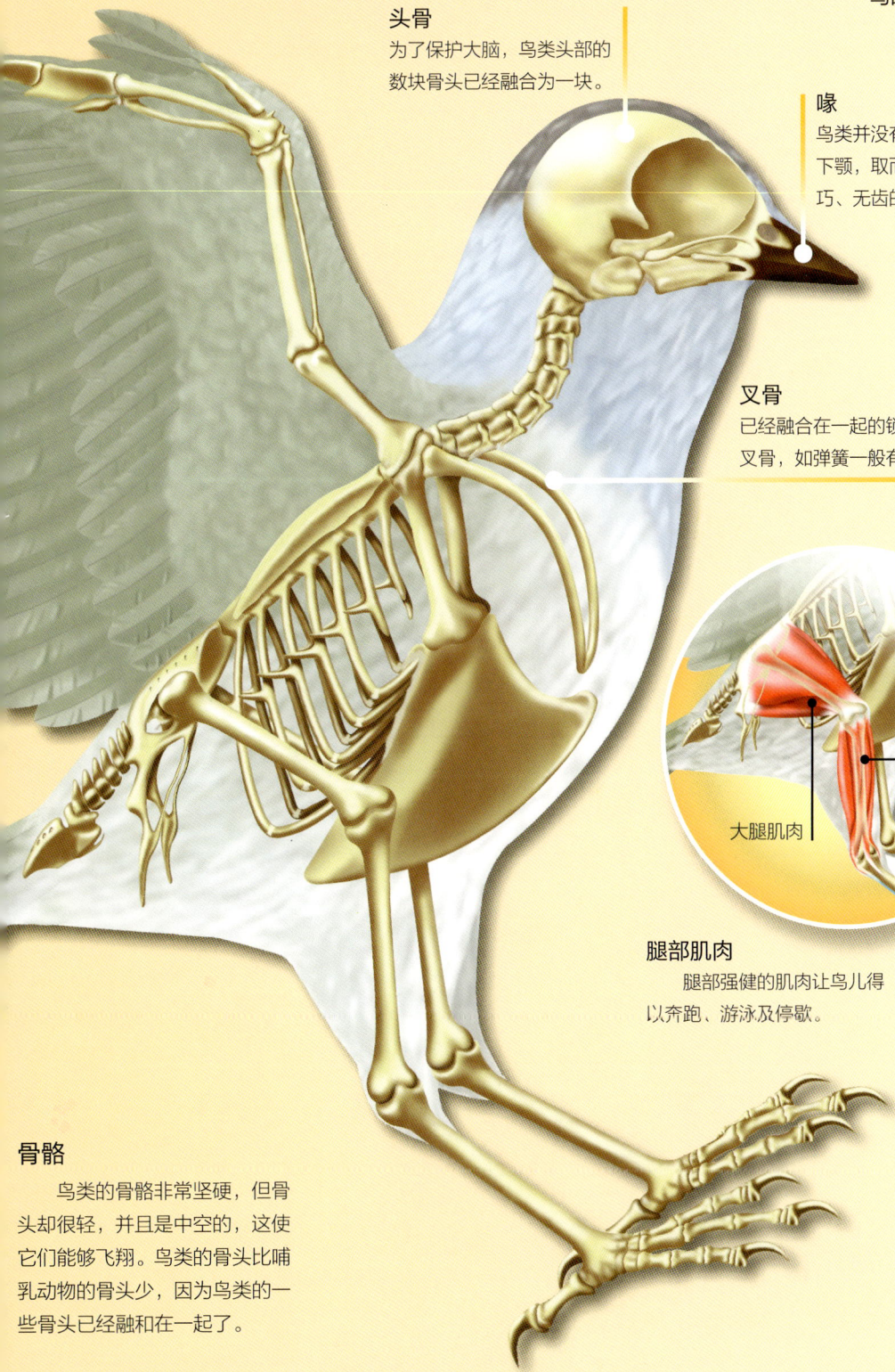

羽毛

鸟类，是唯一拥有羽毛的动物，羽毛的绚烂颜色可与彩虹媲美。缤纷的羽毛用于伪装与吸引配偶。鸟类的羽毛层层叠叠，朝后生长，从头到尾覆盖全身，这样飞行时风就能顺畅流过。每当羽毛有所损毁，新生的羽毛就会在其下方长出取代它。这个过程被称为"换羽"。大部分的鸟类每年都需要经历两次换羽，但并不是同时更换所有羽毛。

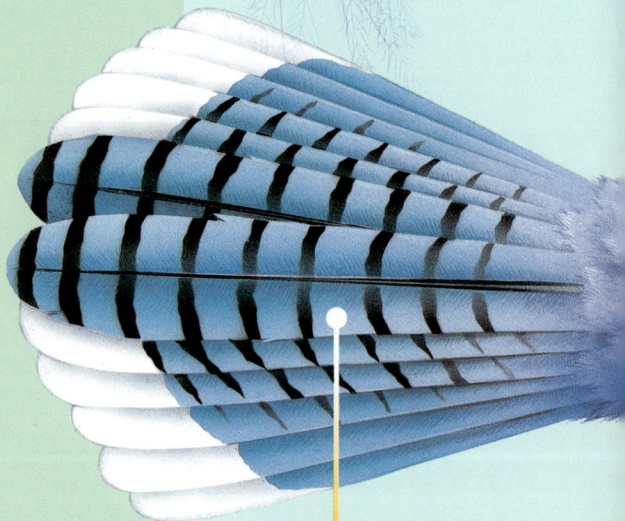

飞羽

羽毛的种类

柔软、茸和的羽毛紧贴着鸟类的皮肤，为其保暖。表面的羽毛是短小圆弧状的廓羽，鸟的流线线条与五彩颜色都得靠它。长长的飞羽生长于鸟类的翅部与尾部。羽毛的中部是羽轴，羽轴上长满倒刺用以固定羽支，使羽毛顺滑地聚在一起。

带倒刺的羽轴

长尾羽

廓羽　　绒羽

你知道吗？

红玉喉北蜂鸟仅有 940 根羽毛，比起其他鸟类来，这个数字真的很小。小天鹅的羽毛最多——在冬季，它的羽毛数量能达到 25 000 根。

蓝天堂鸟

雄性天堂鸟使尽浑身解数试图吸引配偶的注意：它们倒挂着，蓬松胸部的羽毛，垂下它们尾部黑色的饰羽。

孔雀的"眼睛"

这类鸟长长的尾羽被称为"覆羽"，覆羽的长度能达到整个身体的 60%。那多彩的"眼睛"斑纹被用以吸引雌性的注意。

羽冠

冠羽

层叠的羽毛

这只蓝鸟的羽毛整齐地层层相叠，不会有羽毛长错位置。一旦羽毛没有按照次序生长，它们就会被风缠住，减缓飞行速度。

维多利亚凤冠鸠

这种世界上最大的鸠鸟拥有呈花边状的漂亮羽冠。这种羽冠是用来吸引配偶的，不幸的是，这种羽冠也引来了猎手。

大覆羽

小覆羽

飞羽

翅膀

鸟类翅膀的形状，因不同鸟类的生存环境与飞行方式不同而不同。短小的圆翅适于在森林这类狭小的环境中飞行，这种翅膀不易被树枝勾住，但它们却不适于疾飞与长途飞行。而类似于褐雨燕的那种短而尖的翅膀，是在广袤天空中疾速飞行的理想选择。细长的翅膀适于以低速进行长途飞行，同时这种翅膀还适于悬停，翱翔，以及滑翔。包括信天翁在内的许多海鸟都长有这种翅膀。翅膀末端被称为"手指"的翼缝能帮助鸟类在低速飞行时控制方向。

翼展

鸟的翼展是指，当翅膀完全张开时，从一只翅膀的尖端到另一只翅膀尖端的距离。

鹳
翼展：150 厘米

鸭
翼展：55 厘米

褐雨燕
翼展：33 厘米

麻雀
翼展：22 厘米

无声的翅膀
夜行的猫头鹰是沉默的飞行者。他们翅膀边缘羽毛的缝隙及形成的云图条纹状羽毛能在其飞行时使空气无声地穿过它们的翅膀，这种飞行时无声的出击有利于他们猎食。

巨翅

漂泊信天翁展开翅膀，它的翼展长达3.4米，这翼展的一半，就足以容下6只展开翅膀的燕子。漂泊信天翁能够"锁定"它的翅膀张开到指定的位置。

信天翁的身体重量

这翅膀带起信天翁那重达8千克的身体。

东玫瑰鹦鹉

东玫瑰鹦鹉的身上长有红，绿，黄等好几种颜色的羽毛，但只有当它展翅飞翔时，你才能看见它那蓝色的飞羽。

猎手之翅

黑鹭将它的翅膀围成斗篷状，盖过头顶。翅膀投下的阴影使黑鹭能看清水下的情况。同时，这遮蔽阳光的阴凉还吸引着鱼类的大驾光临。

飞行的鸟

飞羽、翅部肌肉以及流线型的身体，全部都是为了适应鸟类飞行的需要。鸟类的主要飞羽，亦称"翼羽"，生长于翅膀的外端。次级飞羽是那些更靠近于身体的羽毛。尾部粗壮的飞羽被称作"舵羽"。胸骨上附着两块结实的肌肉。一块肌肉将翅膀向下拉，另一块向上。鸟的身形、向后层叠生长的羽毛、能够向上蜷起的双脚，都是为了让其更具流线形以适于飞行。

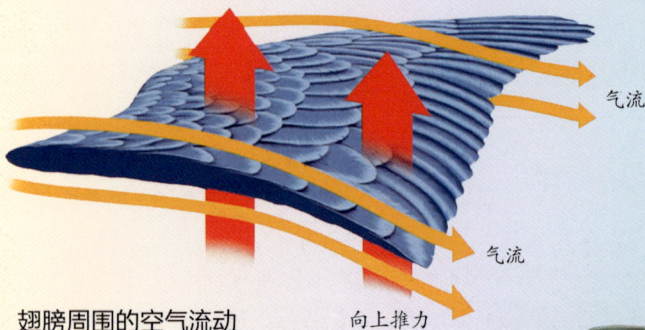

俯冲

很多鸟类都能突然以极高的速度扎进水中捕获猎物。

气流

气流

向上推力

翅膀周围的空气流动

气流快速经过弧状翅膀的上表面，这时空气阻力较小，而翅膀下面的阻力较大，不同的阻力产生了向上的推力。

飞行时的翅膀

在飞行时，鸟类可不仅仅只是上下扑扇，它能够展开与闭合它的飞羽，也能够将翅膀收拢紧贴身体，或是完全伸展开来。

2 向上扇动

接着向上扇动，翅膀紧贴鸟儿身体的上方。

1 开始

这只欧洲知更鸟开始拍打翅膀。展开飞羽好让空气流过。

飞行引擎
胸骨上附着的两块肌肉驱动着翅膀上下扇动。

蜂鸟

蜂鸟翅膀扇动的频率是最高的——每秒钟 100 下。它能够正飞、倒飞、起降、侧飞甚至悬停。

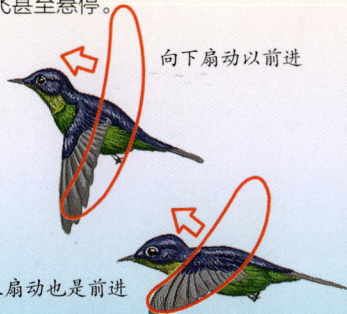

向下扇动以前进

向上扇动也是前进

8字形划动以悬停

向后扇动

4 向下扇动
翅膀向下扇动推开空气，将鸟儿向前方推进。

3 伸展
翅膀完全伸展开来，双腿在身体下方蜷起。

5 结束
向下扇动结束时，鸟儿会展开飞羽以减小阻力。

不会飞行的鸟

有些鸟不会飞行。在它们当中，有一些也有翅膀，但却没有飞羽，也没有驱动翅膀扇动飞行的肌肉。正因如此，不会飞行的鸟儿的胸部比其他会飞的鸟类要平坦一些。一些不会飞行的鸟丧失了它们的飞行能力，因为飞行对它们来说，并不必要。它们中的许多，是在毫无掠食者驱赶的封闭环境中逐步进化而来的。一旦掠食者到来，除了一些体形巨大，或拥有其他诸如奔跑游泳之类逃脱技能的鸟类之外，不会飞行的鸟儿几乎立刻就会绝迹。

水下企鹅

企鹅用脚蹼取代了翅膀。它们既不会飞行也无法奔跑。但一旦到了水中，它们的游泳速度却高达每小时 32 千米。

鸵鸟

鸵鸟不会飞行，但却能以高达每小时 65 千米的奔跑速度甩开一只羚羊。

食火鸡

食火鸡生活于澳大利亚的雨林之中，那儿茂密的灌木丛让它难以长出大型的翅膀。

不可思议！

鸵鸟是世界上体形最大的鸟了。它有双蓬松的翅膀，但却永远无法让它那重达 127 千克的身体升至空中。

新西兰

新西兰岛形成于 8 000 万~1 亿年前。新西兰有许多不能飞行的鸟，它们中的大部分都已濒临灭绝。

鸮鹦鹉

是世界上体形最大的鹦鹉，也是唯一不会飞行的鹦鹉。

鹬鸵

棕鹬鸵的视力很差，嗅觉却非常灵敏。

南秧鸟

南秧鸟在地面上筑巢。它的腿脚粗壮有力。

新西兰短翼秧鸡

新西兰秧鸡长有翅膀，但只在奔跑时用来保持身体平衡。

鸟类的喙由角蛋白构成。鸟类的羽毛与人类的指甲也是由这种物质构成。

巨嘴鸟

托哥巨嘴鸟是世界上 37 种巨嘴鸟中体形最大的一种。它生活于南美雨林的林冠之下。它的喙接近 20 厘米长，因其内部长有一个气囊而非常轻。

采摘果实

巨嘴鸟用喙从高处的树枝上采摘果实，然后将果实高高抛过头顶，再张大嘴将果实吞入喉咙。

栖息地与饮食

些鸟类只吃植物、种子与水果。另一些则以昆虫为食。水禽吃鱼，猛禽食肉。不同种类的鸟类能够共处于同一块栖息地，因为它们在不同的区域寻找不同的食物——地面、树顶、树皮下、泥土中、沙地里以及近水域。喙的形状暗示着鸟儿不同的饮食偏好。粗壮的喙用来碾碎与敲击。钩状的喙是擅长撕扯的好工具。长而窄的喙用来挖掘或刺穿食物。

蓝冠山雀

蓝冠山雀在夏季以昆虫为食，在冬季则吃种子。因为冬季时昆虫稀少。

大西洋角嘴海雀

　　这种海鸟一天要吃掉 40 多条鱼。它那基部有角状物的肥硕的嘴是含住滑溜溜鱼儿的理想工具。

筑巢

鸟类都是无师自通的筑巢专家，它们知道自己需要建造什么样的巢以及如何去造。一些鸟儿的巢编织得非常复杂，而另一些却只用小树枝搭个简单的窝儿。一些鸟儿在树洞、地洞或岩洞中筑巢，另一些则直接在地上清出一块地凑合了。筑巢鸟首先要确定筑巢的地点。而后它们开始搜集筑巢所需的材料：树枝、石头、羽毛、毛发还有蛛网。到最后，它们建好了巢穴，这能给它们产下的卵保暖，也能够使它们远离掠食者的侵袭。

地巢

黑翅长脚鹬常结群筑巢。它们在淡水近水域筑起小小的草巢。

碗巢

大多数在树上筑巢的鸟类搭建的都是碗型巢穴，这能使它们产下的卵免于从树上滚落。

高巢

猛禽搭建的巢被称为"高巢"，它们年复一年地重建巢穴或往上添置筑巢材料。

悬巢

　　雄性黑头织雀用草或其他植物搭建它们的巢，它们将这些材料编织成巢，然后将自己和建好的巢一起展示出来，以吸引雌鸟的光临。

洞巢

　　一些水禽在河岸边的泥土中打洞建巢，它们必须确保它们的巢穴即使是在河水泛滥时也能位于水面之上。

翠鸟的洞巢

迁徙

冬季，几乎一半的鸟类都要迁离远离赤道的寒冷地域，到温暖的热带地区去。多数鸟类结群迁徙，少数种群会单独迁徙。它们会在路途中停下休憩觅食。通常来说，每年的同一时间它们会出现在同一个地点。主要的迁徙路线常沿着海岸线、山脉或河谷的走向前行。科学家们认为鸟类会利用类似太阳、月亮和星星之类的自然景观来引导着自己年复一年地沿着同一路线一路前行。

火烈鸟

火烈鸟主要在夜间迁徙，若是顺风，一夜之间它们能够飞行 600 千米。

飞行的大雁

大雁常结队迁徙，它们在迁徙时常组成"V"形编队。在这样的飞行编队中，每只鸟都能利用前鸟翅膀扇动带来的气流与涡旋节省体力。

棕蜂鸟

家燕

奥南沙锥

食米鸟

杜鹃

红腰杓鹬（biāoyù）

美洲

北美到南美间有多条迁徙路线。这是由许多分支路线合并重叠而成的。

欧洲至非洲

每年，数以万计的飞禽、鸣禽与水禽沿着欧洲和亚洲至非洲间的迁徙路线迁徙。

亚洲至澳洲

东亚至澳洲间的这条迁徙路线穿过了整整 22 个国家。水禽们往返迁徙需要跨越 26 000 千米。

你知道吗？

鸟类为迁徙做着准备，它们吃得更多，来囤积多余的脂肪与能量。它们确保自己的羽毛处在良好的状态。在离开之前，它们常需换羽。

濒危鸟类

掠食者与疾病的到来会危及到鸟类的生存。但让鸟类濒临灭绝的主因却是人类活动。当树木被砍下当做原木出售或只为清出土地搭建小镇、修建街道、铁路或是管道，鸟类因此失去了它们的栖息地与食物来源。许多鸟儿被猎捕，有些因为它们漂亮的羽毛，有些被人类当做宠物饲养，有些则被人类吃掉。气候变化也是个问题。上升的海平面淹没了可供筑巢的土地，淡水变咸；气温升高使得湿地干涸，这让鸟类在迁徙途中无处落脚。

你知道吗?

1778 年，当欧洲探险家抵达夏威夷时，那儿生活着 25 000 只夏威夷鸭，而到了 20 世纪中叶，它们只剩 30 只了。随着育种计划的实施，它们的数量现已增至 3 000 只。

胡锦鸟（又称彩虹鸟）

这种鸟仅以澳洲热带森林中的草籽为食。现在，牛、马的啃食已使这些草不再结籽。

白头硬尾鸭

白头硬尾鸭在湿地的芦苇丛中繁育生长。现今，它们因栖息地的减少及猎鸭行动而濒临灭绝。

皇家企鹅

这种企鹅只存在于澳大利亚的麦考瑞岛。污染、捕猎以及气候变化正威胁着这种企鹅的生存。

角雕

雨林栖息地被破坏是南美角雕面临的最大生存威胁。

永别

在过去的 330 年里，有超过 100 种鸟儿灭绝。主要原因就是陌生捕猎者的到来。

渡渡鸟

大个儿，无法飞行的渡渡鸟于 1680 年灭绝。博物馆里现在还保存着有关它们的插图与一些骨头，但不会再有人能见到活着的渡渡鸟了。

候鸽

1899 年 9 月，最后一只野生候鸽消失。1914 年，最后一只圈养候鸽在辛辛那提的动物园死去，这种鸟儿正式灭绝。

金色鹦哥

猎人们在这种濒危鸟儿的栖息地设下陷阱。他们将这些鸟儿当成宠物售出，有时，猎人们甚至直接出售它们的羽毛。

大海鸟

1844 年，最后一只大海鸟在冰岛被猎杀。大海鸟通常因人类需要它们的绒毛或把它当做食物而被杀掉。它们也常被渔民杀了当做捕鱼的诱饵。

小档案

亚历山大·韦特莫尔（Alexander Wetmor）是第一位以科、属、种来给鸟儿分类的鸟类学家。其中，一些鸟类因其与众不同的特征而独立于其他鸟类之外。

1 澳洲鹈鹕是喙最大的鸟类。它的喙能长到47厘米长，能装下13升的水。

2 鹰的每只脚上都有四只利爪。当鹰抓捕猎物时，它强壮的腿部肌肉将利爪如虎头钳一般牢牢收紧。

3 距翅水雉，也就是人们常说的"耶稣鸟"，因它们好似能在水面上行走而得名。

4 游隼能以每小时97千米的速度飞行，在俯冲时，其速度更是高达每小时282千米。

5 绿鹭使用诱饵来捕鱼，它在水面上放一只昆虫，然后抓住任何试图靠近诱饵的鱼儿们。

6 欧洲麻雀是最常见的野生鸟类了。而家鸡则更为常见，其数量甚至超过了人类。

知识拓展

林冠 (canopy)
森林中位于树木最顶层的枝叶。

覆羽 (coverts)
在鸟的翅部与尾部上与飞羽层叠的数行羽毛。

牵引 (drag)
由气流挤压产生的力推动着鸟儿向前飞行。

濒危的 (endangered)
有生命危险的，濒临灭绝的。

觅食 (forage)
搜寻食物。

融合 (fused)
联结得非常紧密，仿佛融在了一起。

滑翔 (glide)
无需振翅，利用气流飞行。

盘旋 (hover)
在同一地点徘徊飞翔。

角蛋白 (keratin)
一种存在于恐龙鳞片、鸟类羽毛与人类毛发中的角质或蛋白质。

换羽 (molt)
蜕除老化、损毁的羽毛。新的、健康的羽毛会在同一地方生长出来。

夜行 (nocturnal)
意指这种动物在夜间活动，白天休息。

鸟类学家 (ornithologist)
研究鸟类的科学家。

饰羽 (plume)
一种大型、华美的羽毛。

掠食者 (predator)
猎杀并食用其他动物的动物。

猎物 (prey)
被其他动物猎杀并食用的动物。

平胸类 (ratite)
一种胸骨扁平，不会飞行，且没有飞行肌肉的鸟类。

翼羽 (remiges)
在鸟类飞行时支持飞行的大型正羽。

舵羽 (retrices)
在鸟类飞行时控制与稳定方向的大型尾羽。

栖息 (roosting)
通常是指在树枝之上小憩或睡觉。

食腐动物 (scavenger)
以死去的动物或动物粪便为食的动物。

羽轴 (shaft)
羽毛中央中空的杆茎。

翱翔 (soaring)
利用气流向上高飞，翅膀几乎静止。

胸板 (sternum)
胸骨中部的一大片区域。

陆生 (terrestrial)
生活在陆地上的动物，包括鸟类。

涡流 (vortex)
旋转的气流，将周围存在的一切都吸往它的中心。

湿地 (wetlands)
一片被水浸泡或被浅水淹没了的洼地。

翼展 (wingspan)
翅膀展开，从一只翅膀的尖端到另一只翅膀尖端的距离。

探索·科学百科™

Discovery EDUCATION™

· 世界科普百科类图文书领域最高专业技术质量的代表作 ·

小学《科学》课拓展阅读辅助教材

64册
全套精装
超低定价
每册12.00元

Discovery Education探索·科学百科（中阶）丛书，是7~12岁小读者适读的科普百科图文类图书，分为4级，每级16册，共64册。内容涵盖自然科学、社会科学、科学技术、人文历史等主题门类，每册为一个独立的内容主题。

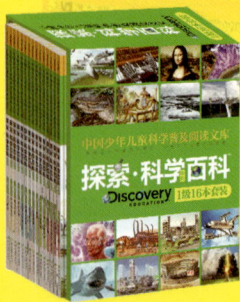

Discovery Education
探索·科学百科（中阶）
1级套装（16册）
定价：192.00元

Discovery Education
探索·科学百科（中阶）
2级套装（16册）
定价：192.00元

Discovery Education
探索·科学百科（中阶）
3级套装（16册）
定价：192.00元

Discovery Education
探索·科学百科（中阶）
4级套装（16册）
定价：192.00元

Discovery Education
探索·科学百科（中阶）
1级分级分卷套装（4册）（共4卷）
每卷套装定价：48.00元

Discovery Education
探索·科学百科（中阶）
2级分级分卷套装（4册）（共4卷）
每卷套装定价：48.00元

Discovery Education
探索·科学百科（中阶）
3级分级分卷套装（4册）（共4卷）
每卷套装定价：48.00元

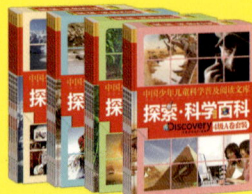

Discovery Education
探索·科学百科（中阶）
4级分级分卷套装（4册）（共4卷）
每卷套装定价：48.00元